吴鹏——著　刘玥——绘

U0170908

出发！
去太空！

到月球出差的探测器

中信出版集团 | 北京

图书在版编目（CIP）数据

到月球出差的探测器 / 吴鹏著；刘玥绘. — 北京：
中信出版社 , 2024. 8（2024.12重印）.-- （出发！去太空！）.
ISBN 978-7-5217-6699-8

I. V476.3-49

中国国家版本馆 CIP 数据核字第 202462J6B3 号

到月球出差的探测器
（出发！去太空！）

著　者：吴鹏
绘　者：刘玥
出版发行：中信出版集团股份有限公司
　　　　　（北京市朝阳区东三环北路27号嘉铭中心　邮编　100020）
承印者：北京启航东方印刷有限公司

开　本：787mm×1092mm　1/16　　　印　张：3　　　字　数：75千字
版　次：2024年8月第1版　　　　　　印　次：2024年12月第2次印刷
书　号：ISBN 978-7-5217-6699-8
定　价：99.00元（全5册）

前言

"航天人的梦想很近，抬头就能看到；航天人的梦想也很远，需要长久跋涉才能实现。"

中国人的航天梦已行千年，从女娲补天、夸父追日开始，到今天"嫦娥"揽月、"北斗"指路……我们从浪漫想象出发，脚踏实地，步步跋涉，终于将遥远的飞天梦想变成了近在咫尺、抬头可望的现实。

其实，筑梦星辰离不开我们的基础物理学，是物理学为我们架起了向太空探索的阶梯。

"出发！去太空！"系列在向孩子们展示航天领域前沿技术成果的同时，也为他们介绍了这些科技成果背后的物理知识。全套书共 5 册，分别以火箭、卫星、飞船、探测器、空间站为主题，囊括了当今世界上各种先进的航天器。我们以中国当下最前沿的航天器为代表，在书中回答了孩子们好奇和关心的一系列问题。比如火箭发射时为何会腾云驾雾？卫星为什么不会掉下来？飞船返回地球时为什么会着火？航天员在空间站是否要喝尿？这些小问题的背后，其实也都蕴含着物理原理。

探测器是我们派去探测宇宙的使者。在这本书中，我们跟着"嫦娥四号"一起飞奔向月球，不仅能了解探测器奔月的全过程，还能到神秘的月球背面一探究竟。目睹了嫦娥家族的一次次探测壮举后，我们更加期待中国人登月的伟大时刻早日到来。

我们希望这套书不仅能启发孩子从物理学的视角去认识世界、解决问题，更希望它能像一粒种子，在孩子心中种下"上九天揽月"的壮志，让未来的他们能有机会为"科技自强"写下生动的注脚。

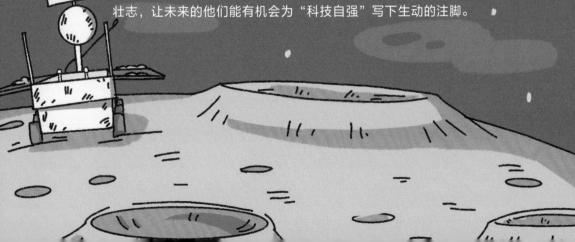

为什么选择西昌作为卫星发射中心？

这里纬度相对较低，距离赤道较近，可以利用较快的地球自转速度提升火箭运载能力，从而消耗较少的燃料就能到达预定轨道。

西昌卫星发射中心（28°N,102°E）

90°N
60°N
30°N
0°（赤道）

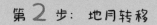

第 2 步： 地月转移

进入地月转移轨道，这是一条从地球飞向月球的过渡轨道。

进入地月转移轨道

出发喽！

探测器入轨

火箭发射

第 1 步： 发射入轨

火箭升空入轨，器、箭分离。

 "鹊桥" 中继卫星

调整好轨道!
快到啦!

中途轨道修正

终于快到了!

我在这儿等你们
好久啦!

减速制动

第 4 步: 环月飞行

环绕月球轨道飞行,实现环
月降轨,最后着陆月球。

第 3 步: 近月制动

在地月转移轨道高速飞行的探测器
开始减缓速度,完成太空刹车,被
月球的引力捕获,进入距离月表约
100 千米的环月轨道。

地月转移轨道

　　是指探测器从脱离地球引力、飞向月球开始,到被月球引力捕获、
近月制动为止的轨道段。经过计算,这条轨道能够让嫦娥四号探测器从
地球到月球的旅程中,消耗能量最小,从而节省燃料,延长工作寿命。

从距离月面 15 千米的高度安全下降至月球表面，实现软着陆。

1. 主动减速段
动力减速，探测器的速度逐步降低。

2. 快速调整段
探测器进行姿态调整。

3. 悬停避障段
探测器悬停成像，犹如"定睛一看"，看清月面着陆点，并对周边障碍物进行识别，自主避障。

2019 年 1 月 3 日，嫦娥四号探测器降落在月球背面的冯·卡门环形山，成为人类首个在月球背面软着陆的探测器。

已成功抵达月球。

欢迎来到月球背面！

4. 缓速下降段
探测器减速并垂直下降。

冯·卡门环形山

我是一个直径约 186 千米的超级大坑，看上去就像一个大平原，非常适合你们着陆。

冯·卡门环形山

位于月球背面南极 - 艾特肯盆地内部，这个环形山的年龄大约有 36 亿年，目前是整个太阳系中最古老的环形山。

7

兔小妹身上有很多高科技探测设备，让我们看一看它用这些设备在月球背面都做了什么！

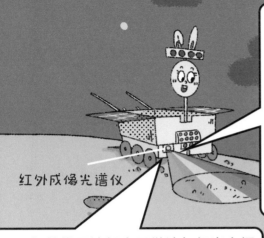

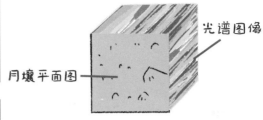

光谱图像

月壤平面图

红外成像光谱仪

我身上携带了红外成像光谱仪，能区分月壤中的不同物质。

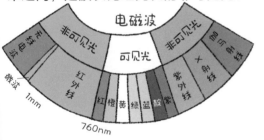

红外线是波长介于微波与红光之间的电磁辐射，其波长在 760 纳米至 1 毫米之间，是波长比红光长的非可见光。

电磁波

非可见光

可见光

非可见光

紫外线

红外线

微波 1mm

红橙黄绿蓝靛紫

X射线

伽马射线

760nm

对了，我还有个更厉害的本领——利用中性原子探测仪，探测太阳风与月表相互作用后产生的能量中性原子及正离子。

中性原子探测仪

太阳风

是一种跟空气流动很相似的"风"，只不过它吹的不是气体分子，而是太阳上层大气射出的超声速等离子体带电粒子流。

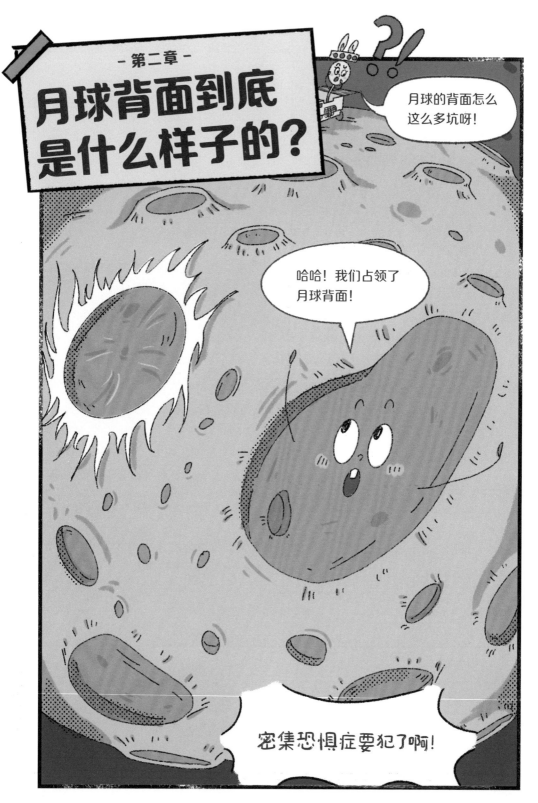

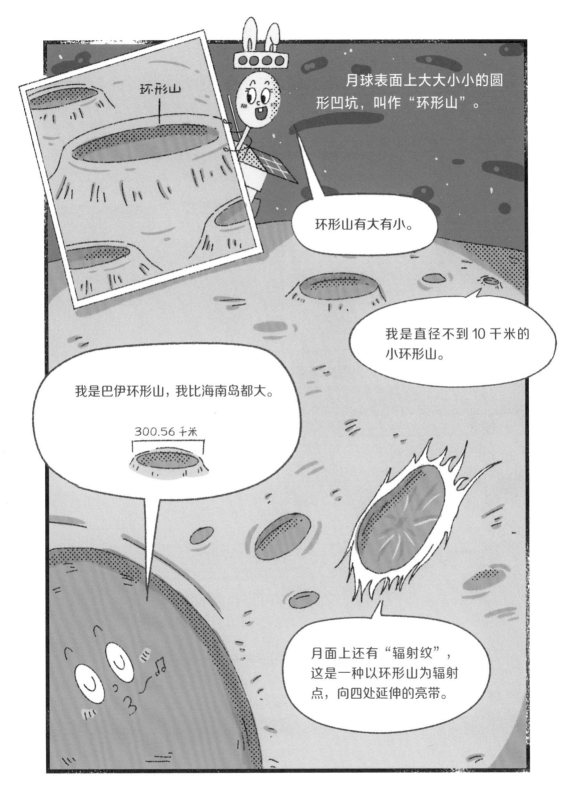

物理课堂

环形山是怎么形成的？

假说1：陨石撞击

你不要过来呀！

假说2：火山爆发

为什么地球不像月球一样有那么多坑呢？

我周围有厚厚的大气层，大多数陨石穿过大气层时，与大气发生摩擦，烧毁了。

因为我周围的大气层太薄了，接近真空，保护不了我。

月球表面没有地球上那样的侵蚀作用和地壳运动，所以环形山一旦形成就很难消失。

没有外界的干扰，我就能一直存在！

物理课堂

一起来造环形山

实验一：模拟陨石撞击

石头

砸坑

细沙

实验二：模拟火山喷发

好神奇呀!

注射器

喷水

潮湿的坑

你们还有什么方法可以模拟环形山形成的原理吗?

以中国人命名的环形山

　　月球上的环形山大多都以著名天文学家或其他学者的名字命名，月球背面的环形山中，有五座以中国人的名字命名。它们分别是：石申环形山、张衡环形山、祖冲之环形山、郭守敬环形山和万户环形山。

张衡

　　张衡，东汉时期的天文学家、地理学家。他创制了世界上第一架能比较准确地演示天象的漏水转浑天仪。

月球背面

祖冲之

　　祖冲之，南北朝时期的天文学家、数学家。他是世界上第一个把圆周率的数值推算到小数点后七位数的人。他撰写的《大明历》还是当时最科学、最先进的历法。

π？

3.1415926 和 3.1415927 之间。

石申

石申，战国时期的天文学家。他与甘德根据黄道附近恒星位置及其与北极的距离所制成的图表是世界上迄今为止最早的恒星表。后人将他的《天文》与甘德的《天文星占》合称《甘石星经》。

郭守敬

郭守敬，元朝著名的天文学家、数学家。他参与制定了通行三百六十多年的《授时历》，这是当时世界上最先进的一种历法。

万户

万户，原名陶成道，是明朝的一名官员，是世界上第一个想利用火箭飞天的人。他把 47 个自制的火箭绑在椅子上，自己坐在上面，双手举着风筝，想利用火箭的推力和风筝的拉力飞上天空。不幸的是，火箭爆炸，万户也为此献出了生命。

第三章

玉兔二号为什么要去月球背面？

难道我的背面有宝藏吗？

为什么我看到的月球都长一个样，难道月球不会转动吗？

月球总是一面朝向地球，另一面背对着我们。所以，我们始终看不到月球的背面。

正是因为你只能看到月球的正面，所以才需要我专门来探索月球的背面！

物理课堂

为什么月球只有一面朝向地球？

我们知道地球和月球之间是存在引力的，月球会受到地球巨大的引力拉扯。

> 我想快点儿转！

> 甭想，我拽着你，你就别乱动啦！

求体　椭球体　地球的引力

拉伸

月球靠近地球的一面受到的引力大，远离地球的一面受到的引力小，两面受到的引力大小不同，于是月球被慢慢拉长，渐渐变成了一个椭球。

> 我不是天生椭球，我是被拉长的！

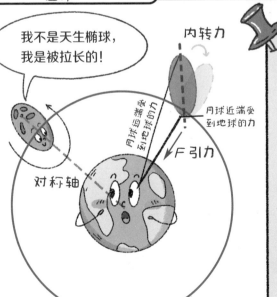

内转力

月球近端受到地球的力

月球远端受到地球的力

F 引力

对称轴

当月球自转和公转周期不同时，月球的对称轴就会偏离地月连线。此时，由于月球两端受地球引力大小的不同，会反方向拖拽月球，导致月球的自转速度不断变慢，久而久之，月球的自转周期不断延长，直到与公转周期相同时，月球不再被地球剧烈地拉扯，达到稳定状态，这种现象叫作"潮汐锁定"。

当月球的自转周期恰好与月球绕着地球的公转周期相同时，也就是说月球被地球潮汐锁定了，月球将永远只有一面朝向地球。

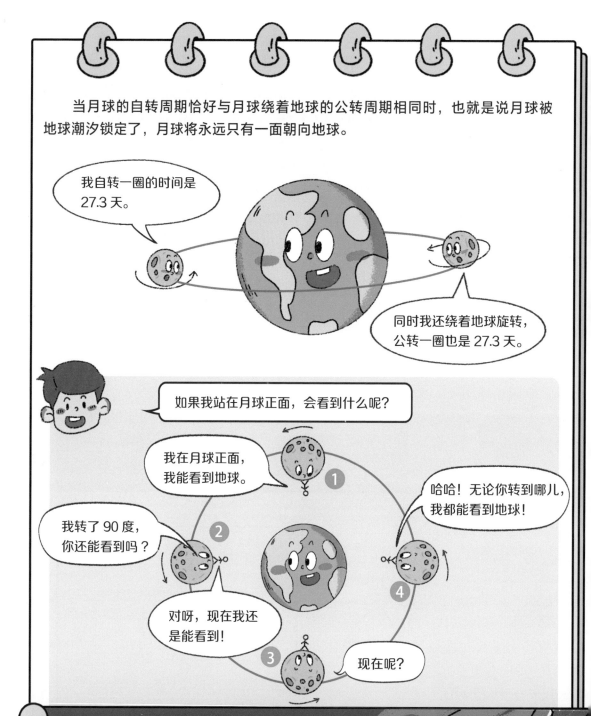

我自转一圈的时间是27.3天。

同时我还绕着地球旋转，公转一圈也是27.3天。

如果我站在月球正面，会看到什么呢？

① 我在月球正面，我能看到地球。

② 我转了90度，你还能看到吗？

③ 对呀，现在我还是能看到！

现在呢？

④ 哈哈！无论你转到哪儿，我都能看到地球！

哪些天体存在潮汐锁定？

在宇宙中，潮汐锁定是一种普遍存在的天体现象，除了月球被地球潮汐锁定，火卫一和火卫二也被火星潮汐锁定。

火卫二

为啥要锁定我，让我只能一面对着你？

火卫一

火星

我们来对比一下月球的正面和背面有哪些不同吧！

月海虽然叫作海，但是并没有水，它指的是月面上比较低洼的平原。

月海

背面

正面

月球的正面相对平坦，有大面积的暗灰色区域，被称为月海，占月面25%的面积，而月球的背面坑坑洼洼，布满了环形山。

月海是怎么形成的？

几十亿年前，月球上爆发了长时间的火山运动，岩浆不断从月球内部涌出并覆盖了盆地，等冷却凝固后，就变成了月海。

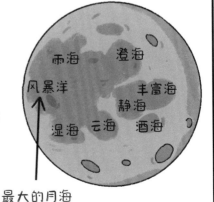

雨海　　澄海
风暴洋　　　　丰富海
　　　　静海
湿海　云海　酒海

最大的月海

19

第四章

玉兔二号需要睡觉吗？

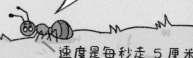

22

物理课堂

月球的白天和黑夜

月球上也有白天和黑夜。只不过和地球相比，月球自转一圈的时间要慢很多，月球的 1 天大约相当于地球上的 28 天。

你一天的时间可真长啊！

嘿嘿，因为我转得慢呀。

月昼
（14 天）

月夜
（14 天）

月球上的白天非常热，最高可达 127°C。到了晚上，又非常冷，最低温度 −183°C。

这一面热一面冷，我可太难受啦！

127°C

月昼

−183°C

月夜

晚上可太冷了，我得把太阳翼收起来盖在身上，我可不能被冻着。

物理课堂

玉兔二号每天要睡多久？

玉兔二号是依靠太阳光来发电的，日出而作，日落而息。由于月球表面几乎没有大气层，其昼夜温差非常大，温度过高和过低都不适合玉兔二号工作。为了保护自己，玉兔二号工作一段时间后，就要"睡"上一会儿。

截至 2023 年 2 月，玉兔二号已经在月球上工作 4 年多了，行驶里程近 1500 米，成为人类历史上在月球工作时间最长的月球车。

玉兔二号在月背行驶的时间里，拍摄了上千幅图像，详细记录了一路走来的地形地貌，为科学家进一步研究月球提供了丰富的数据资料。

人类首次驾驶月球车

1971 年 7 月 31 日，美国"阿波罗 15 号"的宇航员大卫·斯科特和詹姆斯·艾尔文进行了人类首次月球车行驶。两名宇航员在月球表面共停留三天，驾驶四轮月球车在崎岖不平的月球表面行驶了 27.9 千米，收集了 77 千克月岩样品，之后返回登月舱。

月球漫游车

哟吼！让我们来一场月球飙车！

再多捡点带回地球！

月球车可以分为两种类型：无人月球车和载人月球车。我国的玉兔二号属于前者，美国的月球漫游车属于后者。

无人月球车

载人月球车

第五章

玉兔二号如何与地球通信？

玉兔二号处于月球的背面，始终无法面向地球，因此它无法直接与地球进行通信。

兔小妹，你能听到吗？

我给地球发了好多照片，怎么一直不回我呢？

吵死啦！

嘿！兔小妹！别着急，我来帮你们！

"鹊桥"中继卫星

太好了！

可算能通信了，谢谢你，中继卫星。

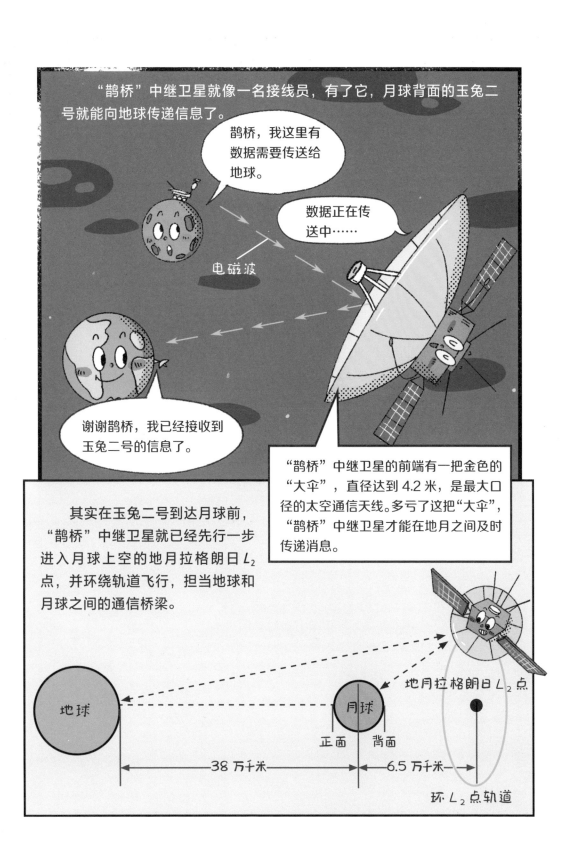

"鹊桥"中继卫星就像一名接线员，有了它，月球背面的玉兔二号就能向地球传递信息了。

鹊桥，我这里有数据需要传送给地球。

数据正在传送中……

电磁波

谢谢鹊桥，我已经接收到玉兔二号的信息了。

"鹊桥"中继卫星的前端有一把金色的"大伞"，直径达到 4.2 米，是最大口径的太空通信天线。多亏了这把"大伞"，"鹊桥"中继卫星才能在地月之间及时传递消息。

其实在玉兔二号到达月球前，"鹊桥"中继卫星就已经先行一步进入月球上空的地月拉格朗日 L_2 点，并环绕轨道飞行，担当地球和月球之间的通信桥梁。

地球

月球

正面　背面

地月拉格朗日 L_2 点

38 万千米

6.5 万千米

环 L_2 点轨道

物理课堂

什么是拉格朗日点？

在宇宙中有一种特殊的位置，即两个天体的引力平衡点，我们称其为拉格朗日点。在拉格朗日点上，卫星在两个天体的引力作用下，能够保持相对静止。在地球和月球之间有 5 个这样的点。

引力场示意图

拉格朗日点分布图

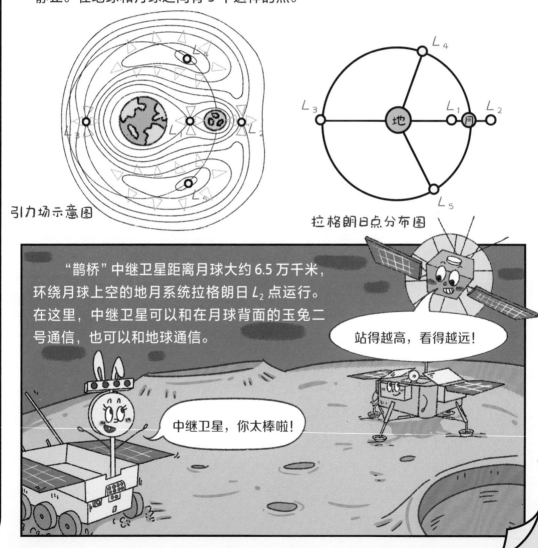

"鹊桥"中继卫星距离月球大约 6.5 万千米，环绕月球上空的地月系统拉格朗日 L_2 点运行。在这里，中继卫星可以和在月球背面的玉兔二号通信，也可以和地球通信。

站得越高，看得越远！

中继卫星，你太棒啦！

　　詹姆斯·韦伯空间望远镜于 2021 年 12 月 25 日发射升空，历经漫长的旅程，在 2022 年 1 月 24 日成功抵达日地系统拉格朗日 L_2 点。在这里，望远镜正好处在地球的阴影里，避免了太阳光的热辐射，这也使得它能够捕捉到宇宙中遥远又微弱的红外光。

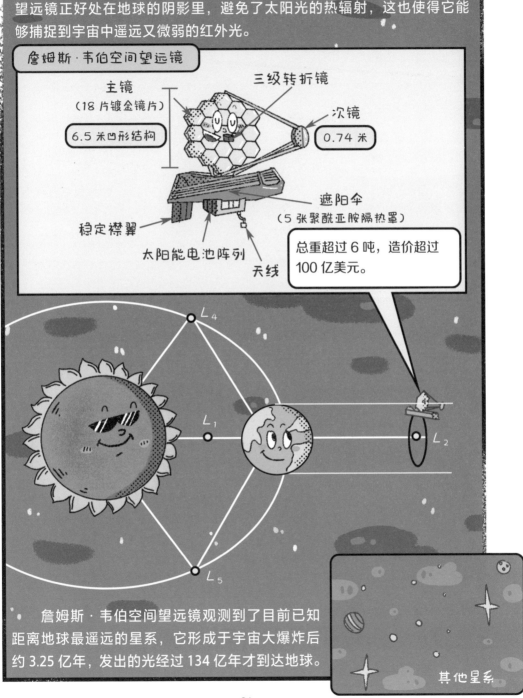

詹姆斯·韦伯空间望远镜

主镜（18 片镀金镜片）

三级转折镜

次镜

6.5 米凹形结构

0.74 米

遮阳伞（5 张聚酰亚胺隔热罩）

稳定襟翼

太阳能电池阵列

天线

总重超过 6 吨，造价超过 100 亿美元。

L_4　L_1　L_2　L_5

其他星系

　　詹姆斯·韦伯空间望远镜观测到了目前已知距离地球最遥远的星系，它形成于宇宙大爆炸后约 3.25 亿年，发出的光经过 134 亿年才到达地球。

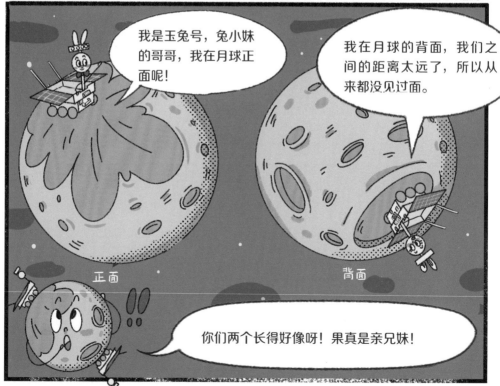

2013 年 12 月 2 日，嫦娥三号探测器携中国首辆月球车"玉兔号"在西昌卫星发射中心由长征三号乙运载火箭发射成功。12 月 15 日，"玉兔号"月球车驶上月球表面。

测月雷达

用于探测玉兔号身体下方的月壤厚度和月壳浅层结构

导航相机

对月面环境和障碍进行感知和识别，对巡视的路径进行规划

太阳翼

可以为玉兔号提供能量，白天发电时展开，晚上则收起

机械臂

能在月壤、月岩中勘探取样

三轴六轮

采用轮腿复合式轮子，平地靠轮子行走，遇到小的障碍物时可以变"轮"为"腿"，爬行越过障碍物，具备 20 度爬坡、20 厘米越障能力

质量：140 千克
尺寸：1.5 米 ×1 米 ×1.1 米
设计寿命：3 个月

我们不仅长得像，就连身上的装备也差不多，不过我还有一条酷酷的机械臂！嘿嘿！

我比哥哥多了个中性原子探测仪！

在这里！

就这样，玉兔号在月球上工作了两年多。可爱的玉兔号，地球十分想念你。

是呀！都两年多了。

玉兔号，你这次的任务只需要在月球探索3个月就行。

保证完成任务！

那么，是时候休息了。

这次是真的晚安咯！晚安，地球。

晚安，玉兔号。

原本设计寿命只有3个月的它，却超长服役两年多，最终在月球上工作了972天，于2016年7月31日正式向大家道别，停止工作。

物理课堂

什么是月尘危害?

月球上一共有几辆月球车？

现在月球上一共有 7 辆月球车，包含 2 辆苏联的月面步行者号，3 辆美国的月球漫游车，以及 2 辆中国的月球车。前面 5 辆和玉兔号都在月球正面，只有玉兔二号在背面。

月面步行者1号（世界上第一辆月球车）

国家：苏联

重量：756kg

着陆时间：1970 年 11 月 17 日

任务时长：322 天

行驶里程：10 540 米

玉兔号月球车

（中国第一辆月球车）

国家：中国

重量：140kg

着陆时间：2013 年 12 月 14 日

任务时长：972 天

行驶里程：114 米

月球漫游车

国家：美国

重量：210kg

着陆时间：1971—1972 年期间（阿波罗 15 号、16 号、17 号）

行驶里程：约 35 千米（阿波罗 17 号）

玉兔二号月球车

（在月面工作时间最长的月球车）

国家：中国

重量：136kg

着陆时间：2019 年 1 月 3 日

任务时长：仍在运行

行驶里程：1 455 米

（截至 2023 年 1 月 3 日）

第七章

在月面挖土，嫦娥五号有绝招！

> 我要去月球上抓把土，并带回地球进行科学研究。

> 月球！我们来啦！

2020 年 11 月 24 日凌晨，长征五号运载火箭在海南文昌航天发射场点火升空，将嫦娥五号探测器送入地月转移轨道。

② 变轨、中途修正、制动、绕月

嫦娥五号

上升器： 携带月壤样品从月球表面起飞，将样品转移到返回器内。

着陆器： 在月球表面软着陆并自动进行月面采样、样品封装等操作。

返回器： 携带月球的样品返回地球。

轨道器： 主要承担在不同轨道上飞行的任务。

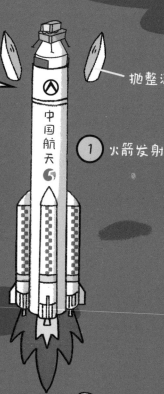

抛整流罩

① 火箭发射

中国航天

嫦娥五号是由上升器、着陆器、轨道器、返回器四个部分组成，各部分之间像串糖葫芦一样连在一起。

降落地球

8

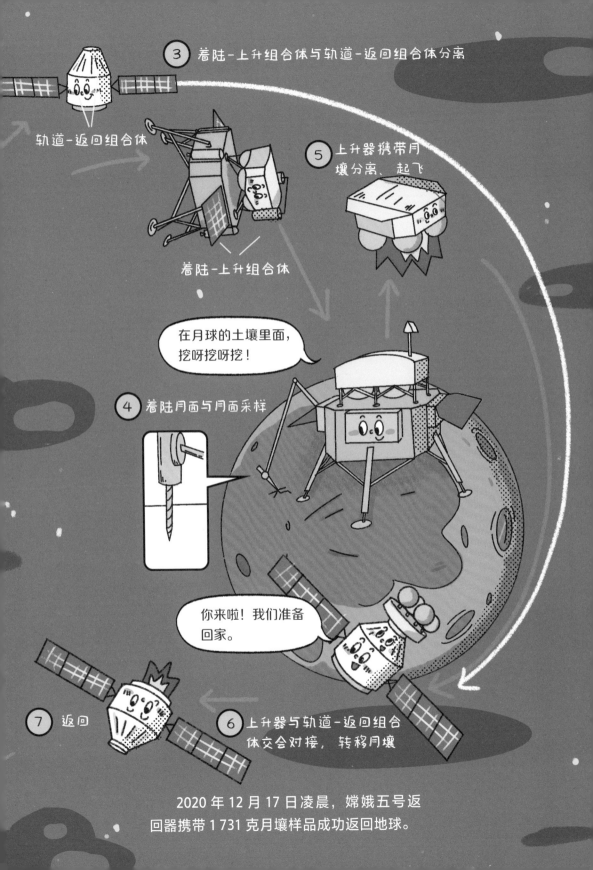

2020 年 12 月 17 日凌晨，嫦娥五号返回器携带 1 731 克月壤样品成功返回地球。

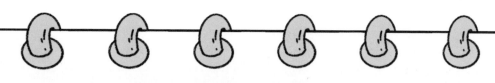

物理课堂

如何在月球挖土？

嫦娥五号在月球上"挖土"，采用"表取"和"钻取"两种方式。

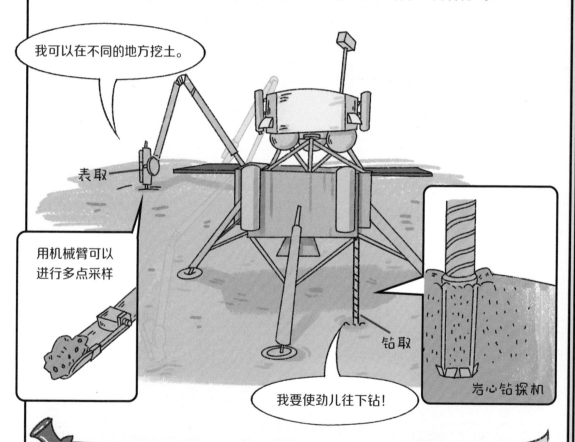

我可以在不同的地方挖土。

表取

用机械臂可以进行多点采样

钻取

我要使劲儿往下钻！

岩心钻探机

表取，就是采用机械臂末端固定铲挖型采样器，抓取月表一部分月壤。实现了多点、多次采样。

钻取，是要通过特殊的钻头，钻到月表以下两米左右的位置，把月壤整体取出来。

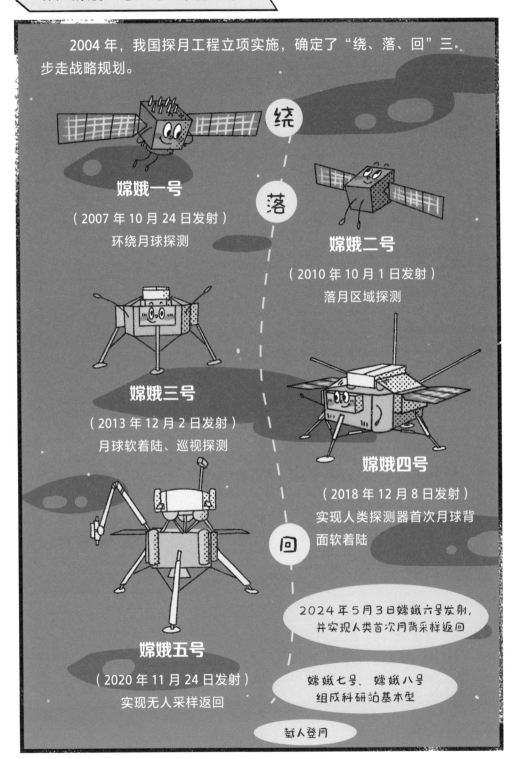

2004 年，我国探月工程立项实施，确定了"绕、落、回"三步走战略规划。

绕

落

回

嫦娥一号

（2007 年 10 月 24 日发射）

环绕月球探测

嫦娥二号

（2010 年 10 月 1 日发射）

落月区域探测

嫦娥三号

（2013 年 12 月 2 日发射）

月球软着陆、巡视探测

嫦娥四号

（2018 年 12 月 8 日发射）

实现人类探测器首次月球背面软着陆

2024 年 5 月 3 日嫦娥六号发射，并实现人类首次月背采样返回

嫦娥五号

（2020 年 11 月 24 日发射）

实现无人采样返回

嫦娥七号、嫦娥八号组成科研站基本型

载人登月

大鹏哥哥，嫦娥五号带回来多少月壤？

　　嫦娥五号带回来的月壤重量有 1 731 克，大约相当于 10 个苹果那么重。

　　值得一提的是，1978 年，美国曾向我们赠送了 1 克月壤，而中国科学家仅用了其中的一半，就发表了 14 篇论文。这次我们有了更多的月壤，科学家可以进行更多的科学研究。除了用于研究，我们还会拿出一部分月壤分享给其他国家，也会展出一部分样品。现在，中国航天博物馆里就有月壤展品。

大鹏哥哥，月球离地球有多远？

　　月球到地球的平均距离约 38 万千米。如果你坐时速 400 千米的高铁去月球，大概需要不到两个月的时间；如果你坐火箭去月球，只需要三四天的时间。

　　月球到底有多大呢？月球的直径约 3 500 千米，大约是地球直径的四分之一，差不多相当于从北京到拉萨的行驶距离。月球的体积是地球的 1/49，也就是说，49 个月球等于 1 个地球的大小。

开往月球的高铁已经出发，请乘客系好安全带，一个多月后，我们月球见！

看我的！我超快！

好慢呀！

编委会

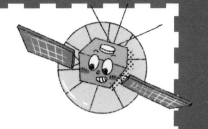